i心理

认识你自己

认识你自己

保持情绪平和的 100 个基本

［日］户田久实 / 著
［日］日高直人 / 绘
陶芸 / 译

海南出版社
· 海口 ·

版权合同登记号： 图字： 30-2025-032 号

图书在版编目（CIP）数据

保持情绪平和的 100 个基本 /（日）户田久实著；（日）日高直人绘；陶芸译. -- 海口：海南出版社，2025. 8. -- ISBN 978-7-5730-2471-8

Ⅰ. B842. 6-49

中国国家版本馆 CIP 数据核字第 2025GN7149 号

保持情绪平和的 100 个基本

BAOCHI QINGXU PINGHE DE 100 GE JIBEN

作　　者：[日]户田久实
绘　　者：[日]日高直人
译　　者：陶　芸
责任编辑：车　璐
责任印制：郄亚喃
印刷装订：天津联城印刷有限公司
读者服务：张西贝佳
出版发行：海南出版社
总社地址：海口市金盘开发区建设三横路 2 号
邮　　编：570216
北京地址：北京市朝阳区黄厂路 3 号院 7 号楼 101 室
电　　话：0898-66812392　010-87336670
电子邮箱：hnbook@263.net
经　　销：全国新华书店
版　　次：2025 年 8 月第 1 版
印　　次：2025 年 8 月第 1 次印刷
开　　本：787 mm × 1 092 mm　1/32
印　　张：7.5
字　　数：106 千字
书　　号：ISBN 978-7-5730-2471-8
定　　价：59.00 元

前言　掌控情绪，不再精神内耗

你是否曾有过毫无理由地生闷气，或是因情绪不稳定而烦恼的经历？

我们在日常生活中会遇到各种各样令人火冒三丈的情况。比如，与难相处的人打交道，工作中遇到棘手难题，事情无法按照预期计划进行，甚至是感受到理想与现实之间存在差距，等等。这些情绪如同积压的乌云，若不及时驱散，便会日渐沉重，让人每日都笼罩在疲惫的阴霾之下。

但你可知道，负面情绪是可以通过调整心情来缓解的。作为一名有着 30 年丰富培训经验的培训师，我已经向 20 多万名来自不同领域的学员传授了高效沟通与相互理解的技巧。我的学员里，有叱咤商界的企业家、肩负重任的管理者、拼搏职场的女性，还有青春懵懂的学生……在与他们的交流互动中，我愈发清晰地认识

到，愤怒是一种跨越年龄和性别的自然情绪，谁都很难一直保持情绪平和。

对我们来说，如何巧妙地处理内心的愤怒是保持情绪平和的关键。这可不是让我们一味地忍受或者无视愤怒，而是要深入理解愤怒的本质，去感受它所引发的一系列情绪波动，并在恰当的时候，以有效的方式表达出自己的不满。

如果我们能够平复自己的心情，愤怒就再也无法操控我们的生活。可以说，掌握愤怒情绪的管理之道，就如同握住了一把打开内心平和与幸福之门的钥匙。

“愤怒情绪管理法”是一套科学的心理教育和训练方法，我经常在各类培训机构和咨询机构为大家进行专业的讲解。据统计，已经有 170 万人参与了由日本愤怒管理协会提供的相关课程体验。

我们每天都会收到大量学员的反馈：

“现在我对人际关系没那么焦虑啦，感觉轻松多了！”

“以前和意见不合的人相处压力超大，现在完全不一样了！”

“我终于不再被愤怒牵着鼻子走了，这种感觉太棒了！”

借助愤怒情绪管理法，我们能逐渐培养出平和的心态。这本书正是以管理愤怒情绪的思维和方法为灵感源泉，我会毫无保留地分享那些在培训课程中反复传授的，让我们在日常生活中不被愤怒左右、保持情绪平和的独家秘诀。

第 1 章深入阐述了处理愤怒情绪的方法，层层递进地剖析愤怒的本质是什么，教你在愤怒的瞬间如何保持理智，以及怎样在情绪爆发的边缘依然维持良好的人际关系。比如在“珍惜会愤怒的自己”这一节，你将从全新的视角去审视愤怒，说不定会惊喜地发现，原来愤怒也有它可爱的一面。此外，这一章还会告诉你如何将愤怒转化为个人成长的强大动力，相信会让你受益匪浅。

第 2 章详细罗列了缓解愤怒情绪的实用方法。我们都渴望摆脱愤怒的束缚，保持内心的宁静，而这一章就会为你指明具体的方向。比如，你可以尝试给愤怒程度打个分，或者默念一些能让自己平静下来的话语，甚至对着镜子给自己一个灿烂的微笑…… 这些简单易行的

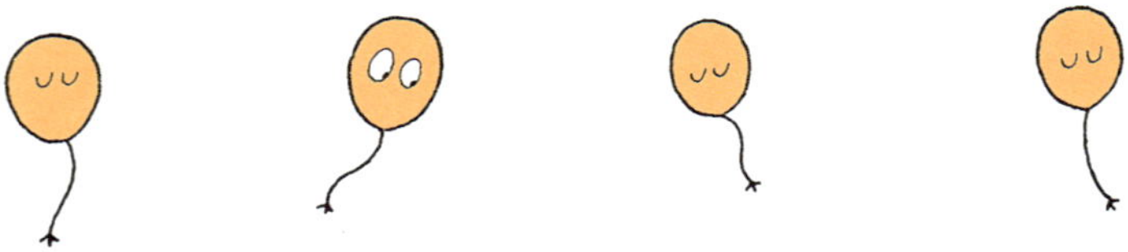

方法，每个人都能轻松尝试。通过不断实践，你会逐渐以更加积极的态度看待自己的愤怒情绪。

第 3 章的主题是培养平和、不内耗的心态。我会分享一系列不被愤怒左右的实用技巧，很多方法都可以立刻付诸行动。只要你愿意尝试，就能为自己的身心健康保驾护航。此外，我还会分享如何在愉悦的心情中安然入睡，这可是我私藏的超实用小秘诀哦。

第 4 章聚焦于在人际交往中减少负面情绪的方法。在日常生活中，我们难免会遇到让人头疼的人或事，比如，与脾气暴躁的人打交道，被对方强烈的愤怒情绪所影响，或者被熟人追问隐私……这一章会深入探讨多种应对愤怒情绪的策略，一旦你掌握了这些方法，就再也不用担心被负面情绪所困扰。

第 5 章着重介绍了让自己身心愉悦的方法。你平时有没有刻意让自己保持愉快的心情呢？其实，自我愉悦的能力非常重要。这一章会带你重新审视那些因为忙碌而被搁置的重要事情，比如花时间好好照顾自己的身体，走进大自然去欣赏美景，让身心彻底放松……当你

尽情享受这些愉悦时光时，就会发现自己没那么容易生气了。遇到小事，你也能更轻松地选择放下，一句“算了”，就能让那些不必要的愤怒烟消云散。

每一天都是宝贵的，所以我们更应该多花时间让自己快乐起来。这本书内容丰富有趣，语言生动易懂，不管你是谁，都能轻松读懂并从中受益。当然，你也可以从那些让你觉得“哇，有意思”的部分开始读起。

如果这本书能够帮助你摆脱负面情绪的困扰、保持平和的心态，让你的生活充满阳光和欢笑，那将是我最大的荣幸。

2023 年 3 月

户田久实

目录

第1章 情绪拆弹指南

第2章 冷静 buff 加成

第3章 搭建反内耗心理防御体系

第4章 关系修复手册

第5章 让自己开心的方法

UNANGRY

1 - 11
100

第 1 章

情绪拆弹指南

UNANGRY

1

100

想发火？先等 6 秒

生气时，请先耐心静待 6 秒钟。

1，2，3，4，5，6。

6 秒过后，理智将重新占据上风，让你不再受愤怒的摆布。

生气时，最需要警惕的就是一时冲动和意气用事。回想一下，你是否曾因这些行为而后悔过：摔东西、用语言攻击他人、采取暴力行为等。

如果你任由愤怒情绪爆发，不断冲动行事，除了可能伤害别人，还会让人认为你难以相处，进而导致人际关系恶化……这样有百害而无一利。

因此，在你感觉愤怒的时候，请先等待 6 秒钟。

随后，你应该会感受到理性思维的回归。

为了保持良好的人际关系，也为了养成不被愤怒支配的心性，请养成“等 6 秒再生气”的习惯。

UNANGRY

2 / 100 先学会发脾气，再学不生气

愤怒对于人类来说是一种无法消除的自然情绪，因此，你不必否认自己的怒火。很多人把愤怒和不好的情绪画等号，其实，感知愤怒和发泄愤怒并不是什么坏事。

适当地表达愤怒，既可以向对方传递自己的认真和真诚，也可以避免因为一时的忍耐而将来后悔。

所以，遇到有必要生气的事，就把怒火适当发泄出来吧。如果一直压抑着心中的不满，心态迟早会爆炸。甚至有人会认为自己心怀愤怒，不能宽以待人，进而产生自厌心理。

不要强行压抑愤怒并不是说可以胡乱发火，而是要正确地发脾气：向对方坦诚你的感受，以及你为什么需要把愤怒情绪表达出来，从而让他们理解你的立场。

这个时候，最关键的是保持理性，不要过于感情用事。

如果你能适当地向对方传达自己的情绪，你们的关系是不会因此受损的。

如果生气了，请先试着接受这是一种“自然的情感”吧。

UNANGRY

3

100

珍惜会愤怒的自己

愤怒是一种本能的防卫情绪，它源于受到威胁或不公正对待时的自我保护反应。

你知道吗？当我们感到身体或安全受到威胁时，本能的反应就是以愤怒来应对，这就是情绪防卫机制的作用。

下楼梯时，如果有人突然从上面冲下来撞到你，让你差点摔倒，你是否会感到愤怒？

当他人的言行伤害了你的自尊时，你是否会不由自主地情绪激动？

可以说，为了保护自己的身心健康，保护自己重要的价值观，甚至是保护他人，我们有时会选择用愤怒来应对。

当你感到愤怒时，请将其视作“珍视自己”的表现吧，这也可能成为发现自己重视什么的契机。

因此，尝试每天以平和温柔的心态接受自己的愤怒情绪吧。

UNANGRY

4

100

“当时发火就好了”

“如果当时我发火就好了……”

“为什么当时没说呢……”

持续的后悔会不断累积消极情绪，使人陷入郁闷的泥潭。有些人甚至会因为没有发泄愤怒情绪而感到懊恼，导致失眠。

为了避免这种后悔，我们需要在平时清晰地界定哪些情形有必要生气，哪些情形没必要生气。

如果你觉得“我应该说出这个想法”，或者“不说会后悔”，那么就大胆说出来。

如果你认为“这件事，不说也无所谓”，那就保持沉默。

按照这个标准进行区分，如果过了一段时间，你依然希望对方明白你的感受，那就告诉他。

需要注意的是，在传递这些想法时，不要使用带有指责意味的措辞，比如：“我一直都觉得……”

你可以使用“我一直在思考应该怎么说，所以耽搁了一些时间，非常抱歉”这样的表述。

UNANGRY

5

100

警惕愤怒让你“上头”

愤怒情绪是一种能量很强的情感，这种情感越激烈，我们就越容易失去理智，不自觉地说出过分甚至过激的话。

尤其是在极度愤怒的时候，我们常常会使用冒犯他人的语言，或者说出挑衅的言论。

在发泄愤怒时，我们往往无法冷静思考，直到对话结束才能意识到自己言辞过激了，因而深感后悔——你有过这样的失态吗?

如果事后你意识到了这一点，不妨坦诚地道歉：“我当时说得太过火了……”即使过去了一段时间，也请试着向对方道歉，这不仅是和解的良机，更能表达你的诚意。

如果能减少“我说过头了”“我后悔了”的次数，你的心态将变得更好。正如本章第一个方法提到的，处于愤怒时，请务必在理性思考下耐心静待 6 秒钟。

UNANGRY

6

100

做好情绪管理，其实没有那么难

尽管愤怒是一种自然的情绪，我们无法完全阻止它的产生，但通过采取降低生理唤醒的活动，如深呼吸、正念、冥想和放松，我们可以有效地管理愤怒的程度。

即便心中烦躁，面对重要人士或工作伙伴的来电来访，我们往往能迅速调整，从容以对。

这就是自我管理愤怒情绪的一种表现。

管理愤怒情绪不仅需要心理训练的技能，还需要通过实践来掌握，例如瑜伽和放松技巧等方法已被研究证明能有效降低愤怒和攻击性水平。

举个例子，假设你想学会踢足球，仅仅购买足球或阅读足球相关书籍是不足以令你成功的。只有通过身体力行，不断练习，才能掌握踢足球这项技能。

管理愤怒情绪也是一样。在日常生活中，从小事开始一点一点做起至关重要，每天都努力去关注并调节自己的情绪波动，这是每个人都能做到的。

让我们开始行动吧，每一点努力都与你的身心健康息息相关。

UNANGRY

7

100

化怒气为动力

愤怒情绪蕴含着强大的能量，可以成为我们的驱动力。

当你因他人的嘲笑而感到懊恼与愤怒之际，不妨将这些消极情绪巧妙地转化为积极的行动力，往往能收获意想不到的好结果。

例如，被他人嘲笑肥胖，可能会激励你更加努力地减肥；工作中遭遇挫折，也可以将挫败感转化为动力，积极寻求改进与挽回的办法。

如果以这种形式转变思维，将愤怒情绪转化为前进的动力，那么愤怒就会成为实现目标的重要基石。

真正能够管理愤怒情绪的人，会把愤怒转变为建设性的行动。

理解愤怒的本质并与之和谐相处，能够让我们不断成长。若能养成将愤怒情绪转化为行动力的习惯，无论是生活中还是职场中，我们都会更上一层楼。

UNANGRY

8

100

愤怒也会传染

你听说过“情绪传染”吗？它描述了我们如何在无意识中通过观察、接触或模拟他人的情绪状态，产生相似的情绪体验，从而影响周围的人。高兴、悲伤这样的情绪都具有传染性，而愤怒的情绪则尤为强烈，因此更容易影响周围的人。

我们可能都有过这样的经历，当身边的人流露出“我很开心”“我感到快乐”等情绪时，周遭的气氛就会变得愉快起来。

愤怒情绪也是如此，当有人发怒时，这种情绪也会蔓延给身边的人——即使他并非直接对你发泄情绪，你也可能感到不适。

因此，为了避免被他人的愤怒情绪感染，我们最好提前采取预防措施，适时离开现场是一个明智的选择。

在日常生活中，尽量不要将自己的负面情绪传递给他人，尤其是愤怒。

UNANGRY

9

100

别将愤怒发泄给最亲的人

你是否有过这样的经历？有些话对某些人说起来容易，但要对另外一些人说则十分困难——我们往往更容易向亲近的人发泄愤怒，这是愤怒情绪的一个典型表现。

与长期共同生活的伴侣、家人或同事相处时，我们常常会自然地认为“他们应该知道我心里在想什么”或“就算我不说，他们也应该明白我的想法”。

对于不那么亲密的人，我们会更加谨慎，不会轻易发火；当面对身边的亲人时，我们反而可能会直接发泄内心的烦躁。

我希望大家了解，这是愤怒情绪的特质。

因此，在向重要的人发火之前，先冷静冷静是非常必要的，尽量有意识地控制自己，不要直接把愤怒的情绪爆发出来。

如果我们能够时刻注意这一点，就能与身边的人维持更健康、更美好的关系。

UNANGRY

10

100

不要执着于“应该这样”

当他人的价值观与我们相左时，有的人可能会感到愤怒并指责对方。

事实上，个人的价值观并无绝对的对错之分。

为了避免产生不必要的对抗情绪，当你想向对方表达自己的看法时，只需要简单地说：“我很重视你的想法。”这样做的效果要远远好于指责。

如果你一味坚持“应该这样”的想法，只会越来越烦躁，甚至会觉得痛苦。在组织或团队中做出重要决策时，分享规则至关重要。当涉及个人价值观时，不要强迫对方接受自己的观点，要尊重彼此想法的差异。

如果你能这样想：“尽管我这么想，但也有人不这么想，人们有不同的想法太正常了。百花齐放，百家争鸣，思维的多样性正是社会的宝贵财富。”那么，你将会感到更加轻松自在。

UNANGRY

11

100

“斩断愤怒的锁链”

日本愤怒管理协会有一个理念是“斩断愤怒的锁链”。

前面我讲过，愤怒情绪的特性之一是对越亲密的人就表现得越强烈，这在权力关系中尤为明显，会从上至下产生连锁反应。如果无法有效管理自己的愤怒情绪，就会出现从上司到下属，从父母到孩子的愤怒情绪连锁反应。

反过来想，如果每个人都能有效控制自己的愤怒情绪，就能阻止这种情绪连锁反应，等于切断了这条愤怒的“锁链”。在这样的环境里，我们就可以避免伤害亲密的人，避免互相指责，从而让社会更加和谐美好。

控制愤怒情绪并不难，任何人都可以做到。这与性别、年龄、职业、学历等无关，是一种所有人都可以做到的简单且可重复实施的方法。

在接下来的章节中，我将详细介绍如何控制愤怒情绪，请大家务必在日常生活中试一试这些方法。

UNANGRY
12 - 24
100

第 2 章

冷静 buff 加成

UNANGRY

12

100

给愤怒打个分吧

由于愤怒是一种内在的情绪，往往难以被察觉，因此处理起来颇具挑战性，而且容易受情绪左右。

为了更有效地管理愤怒情绪，不妨尝试在内心为这股情绪打分，分值设定在 0 至 10 之间。这样，你不仅能更清晰地认识到自己的情绪状态，还能在管理情绪时游刃有余。

评分标准如下：

· 0 分表示根本不生气。

· 1 ～ 3 分表示轻微生气，虽然有些恼火，但很快就会忘记。

· 4 ～ 6 分表示即使过了一段时间，还是会生气。

· 7 ～ 9 分表示强烈的愤怒，已经开始“上头”了，可能导致情绪失控。

· 10 分表示让人全身颤抖的极度愤怒。

当愤怒涌上心头时，不妨在脑海中构想出这一打分系统。将注意力聚焦于情绪的评分之上，不仅能削弱愤怒对你的影响，还能助你洞悉生气的缘由及触发情境。

我建议大家在愤怒时有意识地量化情绪，这样有助于保持情绪的平和。

UNANGRY

13

100

让人情绪平和的“魔法咒语”

我们在社交中难免会遇到令人烦躁的情况，这时，一些让人情绪平和的“魔法咒语”能让你瞬间转换心情。

有些人可能会对自己说“没关系，没关系”，或者说“没什么大不了的”，也有些人会自创一些“魔法咒语”，或是轻声呼唤喜爱的食物、宠物的名字，只要这些话语能让你心绪平和，都有效果。

当你感到愤怒时，在理智起作用之前的 6 秒内，请默念属于你自己的“魔法咒语”。这种特定的自我对话能让你变得客观，平复心情。

我建议你这么做，是因为它还会让你避免在愤怒中采取过激行动。通过默念“魔法咒语”，你会发现“没什么大不了的”。

提前准备一些容易说出口并且能让你感觉良好的“魔法咒语”，这种方法可以随时随地使用，请务必尝试一下。

UNANGRY

14

100

学会适当“暂停”

你有没有因与某人发生争执而情绪失控过?

这时，我建议借用篮球比赛中的“暂停”概念，即暂时离开这个让你产生愤怒的环境。就像体育比赛中叫了暂停之后竞技还是会再开始一样，这种暂时的离开会给双方重新开始的机会。

当你生气时，先离开现场，离开时一定要告诉对方你回来的时间。

在返回之前，最好做做深呼吸、伸展运动、补充水分等可以让心情平静下来的事。这样做可以防止情绪升级，让你冷静地面对愤怒。

通过采用“暂停”处理方法，可以有效地使双方都能恢复冷静。

面对令人烦躁的事情，学会并灵活运用情绪管理技巧显得尤为重要。

UNANGRY

15

100

舒舒服服地来个深呼吸

当你感到焦虑时，交感神经往往处于主导地位。为了使心情平静下来，可以试着缓慢地深呼吸，让副交感神经占据优势地位。

具体做法是，让自己有意识地每分钟进行 4 ～ 6 次深呼吸，每次呼吸持续 10 ～ 15 秒。先用鼻子缓慢吸气 4 秒，然后再慢慢呼气 8 秒。重复这个过程两三次，副交感神经就会占据主导地位，你的心情就会平静下来，心中的愤怒自然也会消退。

深呼吸并不复杂，建议大家在烦躁不安或心烦意乱时，有意识地花时间进行深呼吸。

对于容易感情用事或易怒的人而言，这种方法尤为有效。

因此，要尽量冷静地面对负面情绪，养成有意识地深呼吸的习惯，这样可以有效地减少焦虑。

UNANGRY

16

100

观察手边的物品来转移注意力

那些容易沉溺于愤怒的人通常会过度关注自己的过去与未来：回忆过去的不愉快经历会引发愤怒情绪，想象未来的不美好画面会增加焦虑情绪。

一旦意识到思维陷入过去与未来，不妨将注意力转移到身边的物品上，如笔、手机或电脑等。专注于当下的每一刻，将思绪从纷扰中抽离，这样能有效抵御愤怒情绪的侵袭，避免怒火在心中肆意蔓延。

当你感到强烈的愤怒情绪难以控制，或者因想起过去某事而怒火中烧，又或者担忧自己的未来时，请尝试上述方法，相信它能够帮助你迅速地转换焦躁情绪，让心情变得轻松。

UNANGRY

17

100

准备好鼓励自己的话语

面对令人生气的情形，还有一种改变心情的有效方法，那就是用积极的语言化解愤怒情绪。你可以先准备一句鼓励自己的话语，在心生愤怒时将其念出来。

例如，当有人在你耳边唠叨应该如何打扫卫生，或是不断教导你应该如何工作，让你感到心烦意乱的时候，这种方法会有效果。

为了振奋精神，不妨在心中默念“这也是成长的契机”“这样的经历一定对未来有帮助”“我会变得比昨天更好”等鼓励自己的话语。

当然，你也可以根据自己的情况调整措辞。

在日常生活中准备好能瞬间给自己带来勇气的话语，这种方法立竿见影。

UNANGRY

18

100

练习微笑，假笑也没关系

烦躁时，人的表情往往会变得僵硬和呆板。这种时候，请试着上扬嘴角。即使只是假笑，也能够增强副交感神经的功能，调节自主神经，达到放松心情的效果。比起感情，先改变表情，让副交感神经占据主导地位，就可以让心情逐渐平复。

一位 50 多岁的男性管理者，曾被女儿这样提醒：“爸爸，你的表情看起来好可怕。”他对着镜子端详自己的表情，发现确实很严肃。女儿的话给了他很大的冲击，于是，他开始刻意练习微笑，并在工作场合有意识地展现笑容。结果他发现下属更愿意与他交流，更频繁地找他商讨事务，他们交谈的氛围也变得更加融洽——仅仅一个微笑的表情，竟能带来如此显著的变化。

请相信，在焦躁不安的时候，一个简单的微笑也可能成为解决问题的方法。

UNANGRY

19

100

试着画出你的愤怒

我们很难控制愤怒情绪的主要原因之一是它难以可视化和把握。

在专为孩子设计的愤怒情绪管理课程中，老师有时会要求孩子们将愤怒情绪画出来。其实，这种方法不仅适用于孩子，对成人也有效。

根据不同的思维方式，人们可以被分为以逻辑性来思考的左脑型和以直觉来思考的右脑型。当然，右脑型人也可以通过绘画来尝试表达。

当你感到愤怒时，可以想象一下当下的愤怒是什么形态的，将其具象化。

例如，愤怒可能是什么形状？什么大小？什么颜色？它是否在动？是否停留在某处？触摸起来的感觉如何？它的温度是多少？是温热的还是冰冷的？

发挥想象力，勾勒出愤怒的模样，如此一来，愤怒会更容易浮现在我们的脑海中，我们甚至还可以给它起一个名字。

UNANGRY

20

100

世上无难事，只要肯“放弃”

很多时候，无论你怎样努力，结果却依然如故。不断纠结于别人（包括家人）的性格、价值观和行为方式——“为什么这样的事会发生在我身上？”只会增加你的愤怒和压力，根本无法改变现状。

此时，不妨留意一下“放弃”这一选项。

有些人认为“放弃”是消极的，但实际上，它也意味着“明辨事实”。继续被那些无法改变的事情困扰，只会让你在焦虑中浪费时间，这是很不值得的。

试着去做一些你一直想做的且能够改变心情的事情吧！

比如，漫步时尽享自然风光，品茶时翻阅精美绘本。

只有放弃那些无法改变的事情，你才能够轻装上阵，步履不停。

UNANGRY

21

100

“总会有办法的”

你是否有过这样的经历：在生气时，越是想着“怎么办，怎么会这样”？就越难冷静思考。

当意外事件或不顺心的事接连发生，你可能会陷入恐慌的境地，在心中不断呐喊：“啊！为什么会变成这样？！”此时，情况往往会变得更糟糕。

这时，我们需要一边深呼吸，一边对自己说：“总会有办法的！冷静下来！”

我建议多默念一些能够帮助自己调整心态的话语，比如“我要怎么做才能让事情变好呢”“怎样才能顺利推进呢”……

如果你相信“总会有办法的”，通常就会找到解决问题的办法。

有意识地进行深呼吸，并思考“我能做些什么呢”，通过这个过程，你的思路就会逐渐清晰起来。

在愤怒的时候，请务必对自己说：“总会有办法的！”

UNANGRY

22

100

多关注自己能做好的事

那些容易对自己感到焦虑的人，往往是对自己的期望值过高，他们或许长久以来生活在父母或师长频繁将他们与周遭之人相比较的成长氛围中。

这种人很容易陷入这样的想法：“能做到的事是理所当然的，做不到的事更应该尽力去做。”然而，这种想法只会让自己变得更加痛苦，总会认为“我完全做不到”“我比别人差远了”……

但是我们必须相信，每个人都有自己的擅长之处，我们可以找到自己擅长的事情。例如：“在这方面，我已经做得很好啦。”“虽然还不够完美，但完成了七成也挺不错的嘛。”

金无足赤，人无完人。只要专注在自己能做好的事情上，就不会过于被不完美的事情所困扰。

UNANGRY

23

100

有意识地叹气

叹气，在人们心目中可能没有什么好印象，但实际上它并不是什么坏事。

随着疲劳与压力的日渐累积，人们常会变得焦躁不安，呼吸也随之变得浅薄，进而导致身体处于缺氧状态。同时，腹部与胸部的肌肉逐渐紧绷，整个身体也会变得僵硬。

事实上，叹气有助于缓解肌肉紧张，能起到调节自主神经的效果。

在感到压力大、心烦意乱的时候，试试叹气吧。

通过充分叹气，整个身心都会得到放松，紧张感也会减轻。可以试着将气彻底呼出来，从而让身体的紧绷得到缓解。

我们可以在家里这样做，而不是在公司这类人多的地方，也可以在没有其他人的地方（比如厕所）叹气。

这种方法随时随地都可以轻松实践，请有意识地试一下吧。

UNANGRY

24

100

改变习以为常的行为模式

你是否发现自己已经无意识地陷入了一成不变的行为模式或习惯中?

当这种模式被打破时，很多人会倍感压力，变得焦虑起来。

为了灵活应对变化，我们可以尝试改变日常的行为模式。例如，当乘坐公共交通工具时，可以试着换乘不同的车辆，或者选择不同的路线；在常去的咖啡店点一些没喝过的东西；改变每天观看的电视节目。

通过有意识地改变这些习以为常的行为模式，我们就能更灵活地面对变化。

当然，并不是要你完全改变原有的生活习惯，而是从那些比较容易做到的事情开始，一个一个地做就可以了。

只要有意识地改变日常习惯，就能改掉坏习惯。比如，不再对同一个人反复发脾气，不再做一些自己不希望发生的事——这些都是我们可以有意识地进行改变的。

UNANGRY
25 - 51
100

第 3 章

搭建反内耗心理防御体系

UNANGRY

25

100

拥有让你安心的居所

拥有一个让自己安心的居所，对保持心理健康是非常重要的。

这应该是一个让你可以自由放松，坦然接受自己，并且能和朋友们聚会的地方，这样的地方是弥足珍贵的。

忘记每天的忙碌，专注于自己的兴趣爱好，也是一种很有效的缓解压力的方法。

这样一个安心之所，将成为你的心灵支柱，使你变得更加从容。即使面对压力和焦虑，只要拥有这样一方避风港，你便能感受到由衷的慰藉。

除了职场和学校之外，这个地方也可以是你的家人和朋友所在之处，也可以是兴趣小组、学习小组或者社区团体——加入某个群体，让它成为我们的“安心之所”。

如果你还没有找到一个适合你的社群，不妨去寻找一下。

相信你一定能够找到一个让自己感到安心的地方，它会比你想象的更令人满意。

保持情绪平和的100个基本·

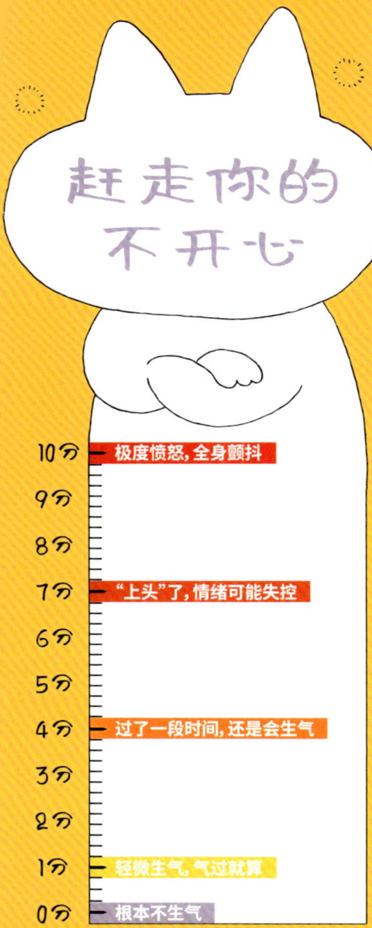

海南出版社
HAINAN PUBLISHING HOUSE

UNANGRY

26 / 100 适度运动，释放你的压力

适度运动有助于我们维持内心的平静。当我们感到愤怒或焦虑时，有氧运动和伸展运动可以帮我们缓解这些情绪。

尽管剧烈运动未必能带来放松，但适度的运动却能以一种健康的方式舒缓压力。坚持一段时间散步、游泳等有氧运动，有助于释放大脑中的内啡肽和被称为“幸福激素”的血清素，从而培养一种不易发怒的心态。

相反，酗酒、暴饮暴食、长时间上网（超过 2 小时）、玩各类游戏、赌博、抽烟等行为虽然可能暂时缓解压力，但也会产生依赖性，因此，我并不推荐这些做法。

我建议养成有氧运动的习惯，它将帮助你实现身心的放松。

UNANGRY

27

100

想象美好的未来

当你感到愤怒且难以控制情绪时，有一个方法可以让你感觉好一点：构想一个能够让你愤怒的问题全部都被解决掉的目标。

这个方法适合那些苦恼于被愤怒情绪压垮的人，以及老想着“总有一天要报复”的人。

通过想象美好的未来，将自己从愤怒情绪中解脱出来，并产生幸福的感觉。也就是说，通过理解自己的目标，以积极的方式改变自己的心态。

想象让你愤怒的问题得以解决的诀窍在于具体地想象多种场景，以及更具体地想象自己想要的东西。比如你可以想：“如果事情变成了这样，我会很高兴！”

这样做有助于实现解决这些愤怒根源的目标。如果你无法构想出未来，可以尝试使用喜欢的香薰、佩戴热敷眼罩等方式，放松五感会有不错的效果。

UNANGRY

28 设置自己的情绪调节菜单

100

在悲伤、寂寞或疲惫的时刻，我们常不由自主地陷入焦躁的情绪旋涡之中。

我的建议是，事先准备适合不同情况的情绪调节菜单，以便根据自己当下的心情（比如沮丧）来选择菜单内容。

另一个建议是为自己制定一份时间菜单，详细列出可以在 10 分钟内、30 分钟内、1 小时内、半天内，以及一整天内完成的调节情绪的事情。这些活动包括但不限于开车兜风、看体育比赛、看电影、按摩、芳香疗法等。此外，一站地距离的短途散步、看喜欢的视频、喝一杯美味的咖啡、在家做饭、做伸展运动等，也都是不错的选择。这些活动还可以同时进行。

为了在关键时刻能够迅速应对情绪问题，提前准备好情绪调节菜单是很有必要的。

UNANGRY

29

100

睡一觉就好了

充足的睡眠对于减轻压力至关重要，我们每天最好保持 6 ~ 7 个小时的睡眠时间。这是因为睡眠不足会让人情绪不稳定，容易烦躁不安。

为了提高睡眠质量，睡前应避免使用手机、电脑等电子产品，否则会使大脑处于兴奋状态，难以入眠。

降低体温对保证良好的睡眠质量也很关键，睡前应避免泡热水澡，也不要摄入含有咖啡因的食物和饮料。

试想，置身于柔软舒适的床单与枕头间，身披柔软的睡衣，空气中弥漫着令人陶醉的精油香，这无疑是梦寐以求的睡眠天堂。

UNANGRY

30

100

睡前多回忆美好事物

你是否会因为白天发生过的事而难以入眠?

这种时候，请试着转移注意力，不要过度专注于焦虑之事。可以回忆一些被人感谢的事，或是别人对你的赞美，这会帮助你轻松愉快地入睡，心情舒畅地醒来。

话虽如此，当愤怒的记忆猛然涌上心头，想要瞬间切换到愉快的回忆，确非易事。因此，平时就要在备忘录中记录下美好的事物和让自己愉悦的经历，这样你就不会忘记它们。

然后，试着在睡前回忆这些事情。当你生气时，交感神经会处于亢奋状态，为了睡个好觉，需要让起刹车作用的副交感神经发挥主导作用，放松身心。

UNANGRY

31

100

把内心的不安写下来

有些人每天都感到不安，这样就容易变得焦虑。这种不安其实是对未来可能发生的事情感到担忧而产生的情绪。

换个角度想，正因为有了这样的不安，我们才能思考如何应对未来可能出现的风险。

我们可以将自己担心的具体内容写下来，并深入思考如何应对，以便在关键时刻能够果断采取恰当的解决方法。

举例来说，假设你担心“如果明天发生地震怎么办”。因为地震是一种无法预测的自然灾害，那么我们能做的就是准备一个包含食物、水、药品等必需品的应急包，确定家人之间的联络方法，以及做好其他力所能及的准备。

接受自己有无法控制的事情这个事实，积极思考可行的对策并付诸行动，就可以最大限度地减轻潜在的伤害。

因此，请务必养成把让你不安的事情写下来的习惯。

UNANGRY

32

100

先制定一个 0.01 步就能完成的小目标

当你试图做成一件事，如果你制定的计划需要过多的努力，往往会让你感到沮丧并迅速放弃，而这种放弃又会加重你的受挫感……

在我们想改善现状或者尝试新事物的时候，需要消耗大量的精力。为了避免这种情况，我们可以采取制定小目标计划的方式，从而逐步改善现状或开始新的事物。

我们可以先迈出极其微小的一步，比如 0.01 步，以此作为行动计划的起点。

比如，如果你经常生气地质问别人“为什么”，可以从试着改变措辞开始，不是问“为什么”，而是问“怎样做才好”。先尝试这样做一周，然后逐步改变更多。

同样，对于减肥的人来说，一周内突然要减掉 2 公斤体重是一件很困难的事情。你可以从少吃一顿零食开始，逐步减少热量的摄入。

你不必一开始就做到改变一切，可以一小步一小步来，这样更容易坚持下去。

UNANGRY

33

100

成功日记

生活中，我们不仅会遇到令人烦躁和愤怒的事，也会遇到让人开心的事和顺利的事。把这些赋予我们幸福感受的点滴记录下来，就叫成功日记。

在写成功日记时，可以记录任何让自己感到幸福和满足的小事。

在工作中主动与不熟悉的同事打招呼并收到对方的微笑、早晨被温暖的阳光唤醒、煎了一个完美的爱心鸡蛋……这些看似微小的成就都值得被记录下来，因为它们展现了生活的美好之处。

通过写成功日记，我们会对自己更有信心，专注于美好的事物，并为这些小确幸感到快乐，从而改善自己的情绪状态，这样就会慢慢变成关注正面情绪的体质。

即便是最平凡的日子，也会因这些被记录下的美好瞬间而焕发幸福的光芒。

因此，试着养成写成功日记的习惯，享受生活中的每一个美好时刻，同时期待着自己不断成长，让自己的内心变得更加平和、积极。

UNANGRY

34

100

愤怒情绪日记

还有一种日记也对控制愤怒情绪有帮助，那就是记录愤怒情绪的日记，记录自己对什么事情感到愤怒，以及这种愤怒情绪的具体表现。比如，你可以写“今天在路上被人撞到，我很恼火”，这些情绪都可以记录在愤怒情绪日记中。

记录这些愤怒的体验有助于我们更好地了解自己的情绪波动及相应的反应，以便更好地寻找解决问题的方法。

可以选择专用笔记本、日程本或手机的备忘录来记录你的愤怒情绪。无论选择何种方式记录，关键是要在愤怒情绪涌现时即刻捕捉，而非事后追忆。这样做能确保记录的真实性，进而深化我们对自身情绪的理解。

撰写愤怒情绪日记时，应力求客观描绘自身情绪及事件反应，避免使用诸如“我生气了”或“我真笨”的简单表述，也要避免过多的抱怨和牢骚。

通过记录愤怒情绪日记，我们可以更深入地了解自己的情绪模式。在这个过程中，我们不仅能够冷静下来，还能识别出引起愤怒情绪的根源——那些自己认为“理应如此”的事，从而采取有效的应对策略，更好地控制和管理自己的情绪。

因此，我鼓励大家尝试记录愤怒情绪日记，并从中受益。

UNANGRY

35 “理应如此”日记

100

愤怒是当你的理想、愿望或不可动摇的价值观未能如预期实现时产生的一种情绪。通过记录“理应如此”日记，即记录那些触发愤怒情绪的事件，并思考如何应对，可以帮助个体更好地理解自己的情绪反应，并探索更有效的处理方式。

首先，我们可以从前一节的“愤怒情绪日记”中找到“理应如此”的事情并写下来。然后用 1 到 10 的等级评分标准来标注每个事情的重要程度，其中 1 表示重要程度最低，10 表示重要程度最高。这样就可以帮助我们更客观地了解自己认为最重要的事情，以及如何优先考虑处理这些情况。

例如，我们可以写下“当别人帮助你时，你应该说谢谢（重要程度评分：5）”“不应该在走路时玩手机（重要程度评分：3）”等等。

通过记录这些“理应如此”的事，有助于我们明晰自身期望与价值，面对相似情境时，便能冷静应对，从而更有效地管理情绪。

5
6
7
8
9
10
4
3
1
2

UNANGRY

36

100

学会“算了吧”

当你感到愤怒时，要给这种情绪设置一个区间，不要选择“0”或“100”，也不要选择“OK”或“NO”，不要将自己的标准设定得过于极端，而是应该给自己留出一个“算了吧”的空间。

如果你总是追求完美，要求事事做到100%，那么你的容忍度就会变得很低，让你感到不满意的事情就会越来越多，导致越来越焦虑。

我们可以这样想，即便无法尽善尽美，只要稍有进展，便应心满意足，逐步放宽胸襟，对自己说：“虽然生气，但还是算了吧。”或者“虽然不尽如人意，但已经尽力了，可以接受。”这样的心态可以避免不必要的焦虑。

愤怒难平或难以释怀之际，不妨先静心思索：“这件事真的不能原谅吗？”或许你会发现，放宽容忍限度并不是一件很难的事。

UNANGRY

37

100

改变能改变的，接受不能改变的

世界上有很多让人烦躁，甚至崩溃的事，大多是我们无法控制的情况。比如天气、气温、自然灾害、交通工具晚点、人际关系、组织制度、社会政治等，这些都是很难改变的。若我们一味地纠结于这些无法掌控的事情，只会让自己变得更加烦躁和愤怒，而不会解决任何问题。

在面对无法改变的情况时，我们应该将注意力集中在能够通过行动来控制或改变的事情上，这样的行为更具有建设性，有助于缓解负面情绪。

如果你时常被负面情绪所困扰，可以试试分别列出自己能够控制的事和不能控制的事。将精力聚焦于力所能及之事，我们便能更有效地应对负面情绪，并采取积极举措来改善现状。

UNANGRY

38

100

想想是否应该一直放在心上

当你因为某件事感到烦躁或愤怒，首先要搞清楚这件事对你是否重要。有时候，我们会发现自己为了一些并不那么重要且无法控制的事而烦恼。

例如，被人插队或在公共交通工具上遇到其他人的不文明行为时（比如占了 2 个座位），尽管这些情况会让我们生气，但我们既不是需要提醒他们注意的人，也不会与他们有进一步的接触。

如果某件事对你来说是重要的，并且你可以控制，那么你可以考虑立即采取一些行动。如果这件事虽然很重要但你无法控制，你就要有意识地思考应该采取什么行动以避免产生不必要的焦虑。

通过这种方式，我们可以更清晰地判断事情的重要性，并做出相应的行动。

UNANGRY

39

100

不评判他人

人们往往喜欢评判他人。

当我们评判一个人时，大多会按照 0 或 100 这种比较极端的标准，例如，这个人好，那个人坏，或者这个人是否与自己合得来。

如果你采取这种评判标准，会很难与他人建立良好的关系，须知，人人皆有长短，此乃常理。

如果你在与人交往时缺乏宽容的态度，就可能陷入评价他人的好坏、判断与自己合不合得来以及自己是否喜欢这个人的局限性思维中。

总的来说，人们往往更关注别人的不足之处，而忽略了他们的优点。

这种态度很容易导致人际关系出问题，这正是人们最大的压力来源。如果你能更多地关注他人的优点，便不易苛责别人，也能少生气。

戒掉评判他人的习惯，心情就会变得很轻松，何不试试呢？

UNANGRY

40

100

你的“理所当然”并不是别人的“理所当然”

你是否曾经认为某些事是常识，是理所当然的？

其实，人们的价值观、生活经历各不相同，对你来说是理所当然的事，对别人而言却未必。如果过于相信自己的“理所当然”是正确的，一旦事实不符合你的期望，就会感到焦躁不安。

把自己的想法强加给别人，可能会导致人际关系紧张，甚至激化彼此的愤怒情绪。要知道人与人之间的差异才是理所当然的，没有两个人的想法是完全相同的。

当你认为某些事是“显而易见”或“理所当然”的“常识”时，请停下来对自己说：“这只是我的看法，别人或许并不这么认为。”

如果我们能够灵活地思考一下对自己来说什么是“理所当然”的，那就更好了。

UNANGRY

41

100

就算以前失败了，但“一码归一码”

大脑不喜欢改变。因此，我们常常倾向于认为“继续保持以前的行为、思维模式和价值观就好”“换个角度看问题太费力，不值得去尝试”。

当我们有“可能会失败”或“我上次失败了，这次也会一样”等消极想法并感到焦虑时，尝试转换一下思维吧。

例如，“现在我脑子里的这个（负面的）想法，暂且不论”“虽然过去没成功，但也许这次可能会不同”“即便如此，我也要试一试”。

当消极情绪来临时，我们可以尝试用“一码归一码”“这次也许会成功”来鼓励自己。

语言具有改变大脑的力量，通过逐个面对并解决问题，你会发现你的内心很快就能平静下来。

UNANGRY

42

100

不做“老好人”

你是否曾陷入这样的困境：面对他人的求助，难以拒绝，勉强应承后，却又懊悔不已？

即使你觉得这件事做起来很困难，或许仍会自我安慰：“别人都请我帮忙了，如果我不做，谁来做呢？”或是担忧拒绝会招致非议，影响人际关系，故而甘愿做个“老好人”。

然而，这其实只是你个人的猜测。拒绝不一定会降低别人对你的好评，也不一定会破坏人际关系。事实上，持有“我能帮上忙真是太好了”的积极态度，相较于“为什么我要接受呢”的消极想法，对个人的心理健康更为有益。

成人之美与被人利用是截然不同的两种心情。

不要再做“老好人”，要有意识地鼓起勇气说“不”！

UNANGRY

43

100

难过的时候，哭出来就好了

随着年龄的增长，我们可能会因为在意别人的看法而压抑自己的悲伤情绪。这种压抑不断叠加，最终会变成压力，直到某天再也无法抑制，愤怒情绪就会溢于言表，让你心生疑惑：“为什么我会变成这样？”

生活中，我们都会面对悲伤、寂寞、痛苦……因此，没有必要强行压抑自己的这些情感。

悲伤、寂寞、痛苦，这些情感如同快乐与幸福一般，都是人生旅途中不可或缺的风景。若我们选择漠视，内心将空白一片，悲伤终将在某个瞬间如潮水般涌来。

如果无法控制内心满溢的悲伤，那就让眼泪自然地流淌吧。这并不可笑，也不可耻。

坦然面对自己内心的悲伤，花点时间独自哭泣，哪怕是默默流泪也行，最重要的是给自己一段释放情绪的时间。

UNANGRY

44

100

能动嘴别动手

日本愤怒管理协会曾针对实施了体罚的教师进行过问卷调查。

针对“你为什么使用体罚”这一问题，很多人的回答是：“一下子就火冒三丈了。”“因为气到说不出话来。”由于无法找到适当的言辞来表达，他们一气之下便采取了暴力行为。

这种情况可无法简单地用“我一不小心……”来解释。

当人们感到愤怒时，如果他们过于急躁而无法准确表达自己的想法，或者话到嘴边却说不出来时，往往会变得具有攻击性。因此，我们需要提高自己的语言表达能力，包括表达真正的感受、真正想做的事以及希望别人理解的事等。

为什么不从现在开始，有意识地提升自己的词汇量和表达能力呢?

UNANGRY

45

100

建立情绪边界线

你是否注意到，在你心情好和心情不好时，说话的方式和态度会发生变化？

比如，当你心情好时，可能会把爱人脱下的衣服收拾得干干净净，但当你心情不好时，就可能会对着爱人大声抱怨："你为什么把衣服乱丢乱放呢！"

如果你总是根据心情随意改变自己的措辞，对方很可能只会感受到你的情绪，而无法理解你的真实意图——"请把脱下来的衣服放进脏衣篮里"。

为了避免情绪影响真实意图的表达，我们需要建立情绪边界线，清晰划分生气和不生气之间的界限。

如果你只提醒了一次，对方就马上行动，那么即使有点恼火，也可以为这件事画上"○"。但如果提醒了三次后，情况仍没有改善，你就可以将这件事列为"×"。

通过设定情绪边界线，你能更有效地驾驭情绪——只要不越界，便能宽容以待。这样，你就会发现让自己恼火的事会减少很多。

UNANGRY

46

100

重温成功经历的瞬间

当你感到沮丧或焦虑时，回顾过去的成功经历可以让你的心情变得积极向上，有助于想象未来的美好。

当你回顾过去时，最好通过多种感官详细地回忆当时的情景，问问自己："我当时感觉如何？""我听到了什么？""我看到了什么？"……

回忆的关键在于回想情感发生的那个瞬间，而不是长时间的感受。

例如，不是简单回忆"今天工作进展顺利"这个过程，而是具体的某个瞬间："当我向同事报告工作成果时，听到他们兴奋地称赞：'干得好！'"

这种细致入微、精准定位的回忆方式，往往能激发出更为显著的效果。

总之，重温让你心情愉悦的时刻，仿佛一束阳光穿透云层，让心情瞬间变得明媚而积极。

我建议在一天结束时进行这样的回忆体验，而不仅仅是在感到生气或沮丧时。

UNANGRY

47

100

放弃“三个D”*

频繁使用诸如“但是”“可是（话虽如此）”“反正”等词语会给人留下负面印象，经常说这些话的人往往会缺乏幸福感。

当我们不自觉地说出这些词语时，往往会吸引负面的人和事，可以说这些是“不幸的词语”。

当我们坚信自己是对的，或者明知道对方说的对但不想承认时，“可是”“但是（话虽如此）”这样的词语就会脱口而出。“反正”这个词听起来或许没有什么特殊意义，但其背后却蕴藏着一种消极态度，即沉湎于过去的失败，不愿面对新的挑战。

请务必警惕，这些“不幸的词语”如同无形的屏障，将乐观之人拒之门外，让我们的世界逐渐蒙上一层阴霾。因此，我们应该谨慎提防，避免一些不经意的用词对我们的声誉造成负面影响。

* “三个D”指“但是”“可是（话虽如此）”“反正”这三个词，在日语中，这三个词的罗马字开头都是D。——译者注

UNANGRY 48 100

言行一致

沟通时，用什么样的语言表达信息很重要，同样，用什么样的表情、态度和方式来表达也很重要。

尤其是面对面交谈时，如果我们的表情和态度不一致，对方可能会感到困惑，难以准确捕捉我们的真实意图。

举个例子，如果对方问你："你生气了吗？"而你内心确实感到愤怒，但你却用别扭、愤怒的表情和强硬的语气回答："我没生气！"这种情况下，即使你说没有生气，对方可能仍会感受到你的愤怒——你的表情与语言的矛盾会让对方感到困惑和不舒服。

因此，我们需要认真审视自己的语言、表情和态度是否一致。

当我们所传递的信息、我们所思考的事情与我们的表情一致时，无论是我们自己还是周围的人，都会觉得沟通更加轻松愉快。

UNANGRY

49

100

准备好回答的话语

当有人赞美你时，你是否曾因感到自卑而无法真诚地接受？如果你有这样的感受，那么你可能是自我接纳度较低的类型。

诚然，谦虚乃美德之一，但过分谦虚却可能适得其反，令赞美者心生不适，进而吝啬其赞美之词。

如果你还不习惯接受赞美，也不知道如何应对，不妨简单而真诚地向对方道一声“谢谢”。为了应对突然的赞美，我的建议是，事先准备好应对的话。

例如，“我不太习惯被这样夸奖，真的很感谢你的认可”或“我觉得自己还有很多需要改进的地方，但听到你这样说我很开心”。

坦率地表达自己的感受会让对方感到欣慰。

尽管这似乎与负面情绪没有直接关系，但在日常生活中保持良好的人际关系，是消除不必要的负面情绪的关键。

UNANGRY

50 / 100 先弄清你讨厌的是什么

你可能有过这样的经历：“怎么看这个人（这件事）都觉得讨厌，烦人得不得了……”随着烦躁的增加，你可能会逐渐记不起自己讨厌对方什么。

当你试图弄清自己到底讨厌某个人哪一点的时候，通常会发现可能是对方在工作时转笔、抖腿等看似不起眼的小事让你心生不满。

同样，这种“什么都很让人讨厌”的感觉很可能是你自己的想法，冷静思考一下，你会发现并非所有事都能让人 100% 生气的。

当你感到对一个人或一件事全盘否定时，首先要明确具体的不满之处，随后区分出你想做与不想做的事情，专注于那些可行且积极的行动，并制定相应的对策。仅此一点就足以使你的情绪平复下来。

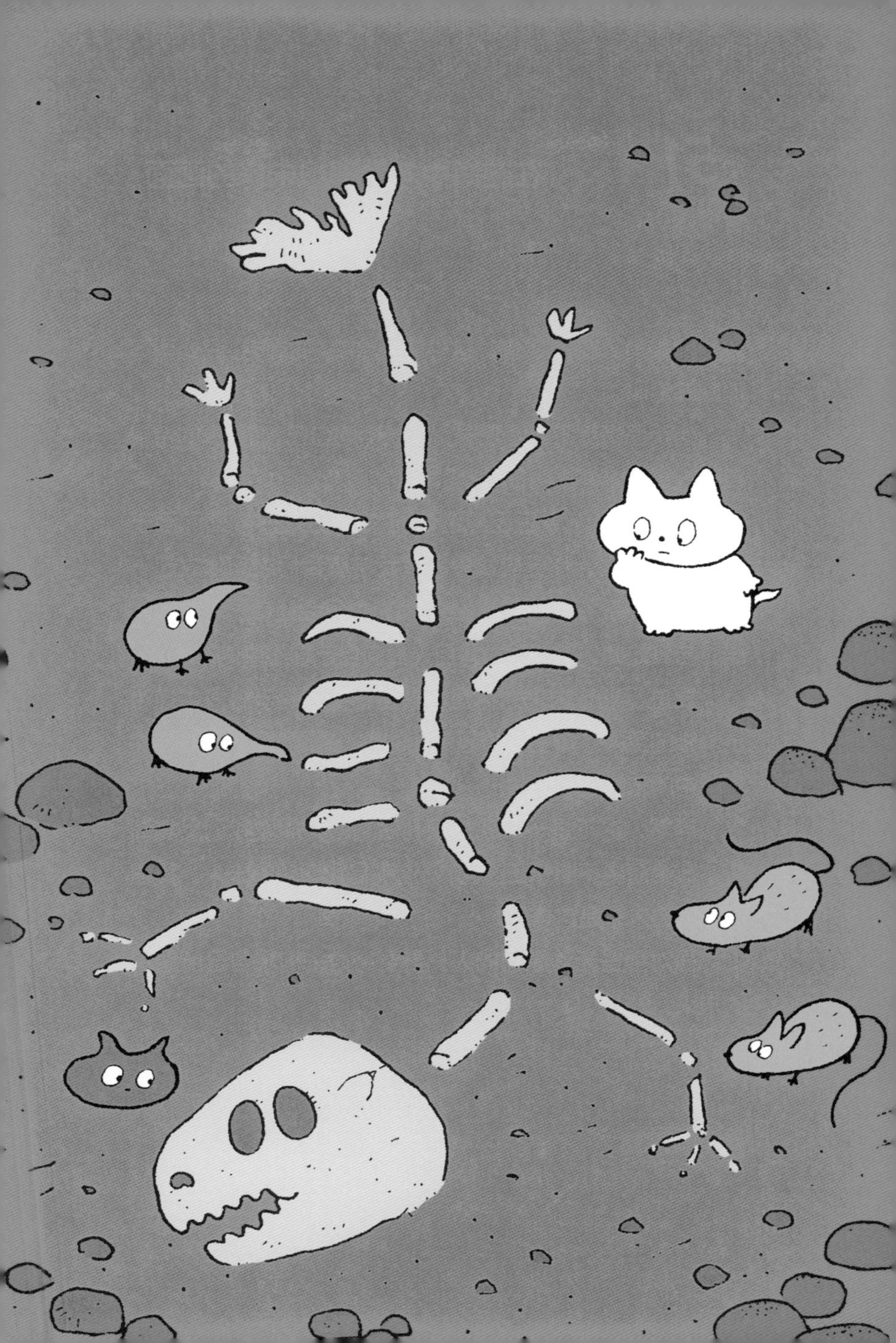

UNANGRY

51

100

在脑海中勾勒理想未来的画面

如果有人伤害了你，这件事就会在你的内心深处留下深刻的烙印。

当负面情绪不断涌现时，不妨问问自己："我真的希望自己一直被这件事困住吗？"

如果这是你今后还想继续打交道的人，与其沉湎于"过去的痛苦"，你更应该思考"我希望我们之间建立起一种怎样的关系"。每次都沉浸在愤怒中只会让自己越来越焦躁，与其如此，不如努力将目光投向自己理想中的未来。

要进行理想未来的构建，最佳途径便是于脑海中描绘出清晰的蓝图。每当回想起负面的事，就要告诉自己："你理想中的未来是这样的……"

当然，这不是一次就能顺利做到的，需要我们反复训练，在脑海中不断修正方向："这不是我期望的未来，我理想的中的未来是这样的……"

面对那些无法原谅的人，更要努力去构想自己所期望的未来。

第4章

关系修复手册

UNANGRY

52

100

不要“感情用事”，而要“传递感情”

情绪化地表达和传达自己希望对方理解的感情，这两者的意义是截然不同的。

人愤怒时，往往会情绪化地宣泄，难以有效地将自己的真实想法传达给对方。其实，明确表达自己有怎样的感受、希望对方怎么做，才是建立良好人际关系的关键所在。

与其说：“你为什么要背弃我们之间的约定呢？真让人难以置信！”“你的话也太过分了！”不如说：“期待已久的约定被打破了，我很难过。”“你的话让我很受打击。”这样能更好地向对方传递自己的情感。

真正良好的关系，不就是能够把自己的负面情绪（比如愤怒）、希望对方理解的事都真实地传达给对方的相处状态吗？

勇于表达真实情感是明智之举，比如坦诚地说出“我很伤心”“我很困扰”“我很焦虑”“我很孤独”等，但不要太情绪化，以免引发误解。

UNANGRY

53

100

无视傲慢之人

有些人为了显摆自己比他人更优越，就会做出“抬高自己，贬低别人”的傲慢行为。

但是你知道吗？这种傲慢的背后往往是因为缺乏自信——这些人只有通过看不起别人，才能维持自己的自尊心。

这样看的话，你会不会觉得这种人其实也挺没意思的。

尽管他们傲慢且自以为是，可能会使你心生怒火，但最佳的应对方式仍是无视。如果你对他们的轻蔑感到愤怒而做出反应，只会让他们更得意。因此，保持适当的距离，避免过度接触，才是最佳选择。

不要与那些刻意贬低别人的人处在同一层次，尽量不去理会他们，这是对他们最有效的回击。

随着你对他们的无视，就会逐渐变得不在意他们了。

UNANGRY

54

100

不要被他人的怒气影响

当你面对的人怒火中烧时，你是否会心烦意乱，没办法保持冷静呢?

对方的愤怒可能会让气氛变得紧张，影响你的心情，甚至让你也变得烦躁起来。

然而，善于沟通的人既不会被自己的情绪左右，也不会被他人的情绪影响。无论对方情绪如何激动，如果你能冷静地表达自己的真实想法，就能有效避免因情绪化而引发的误解以及令人不愉快的后果了。

当对方发怒时，首先要了解对方愤怒的原因，然后再进行应对。同时要将事实与主观臆断明确区分开来。

对于事实要认真倾听，而对于主观臆断，你要想："这只是主观臆断。"听过便罢，这才是上策。

养成辨别事实和主观臆断的能力，并冷静地做出反应，是至关重要的处世方法。

UNANGRY

55

100

善用敷衍话术

“当我妈妈的朋友们不断询问我的私生活时，我真的感到头疼……”

不仅仅是妈妈的朋友，其他人也会问类似的问题。比如，“你丈夫的职业？”“你的年收入？”“你的学历？”……

当被问及这些问题时，你是否感到生气，内心呐喊：“烦死了！能不能别对我的隐私刨根问底！”

对于妈妈的朋友们，由于大家都有孩子，考虑到今后的交往，很多人都不愿发生争执。如果你情绪化地回应：“请别问这种事！”之后的人际交往可能会变得很麻烦。因此，巧妙地使用敷衍的话术是一种很好的方法。

依据人际关系的亲疏远近，当面对不想深谈的话题时，不妨以“这些事情没什么好说的啦”轻轻带过。

在人际交往的复杂棋局中，适时地采取一种策略性的敷衍与回避，不失为一种明智的自我保护之举。

为了减少与他人的无谓摩擦，我们或许应当精心准备一些得体的言辞，并熟练掌握回避的艺术。

UNANGRY

56/100 即使有不喜欢的人也无妨

每个人都会有自己不喜欢的人。

在私人关系中，你没必要勉强自己与不喜欢的人打交道，为了维持关系而给自己带来压力也是不明智的。

然而，在工作场合就不是这样了。如果职场中有自己不喜欢的人，为了确保工作顺利进行，我们至少应该与他们进行最基本的必要沟通，比如打招呼、工作汇报、保持联络、商量事务、回复电子邮件等。只要做到这些，即使人际关系不是很融洽，也不会成为工作的障碍。

没必要为了跟所有人搞好关系而承受压力，我们要有一种即使有不喜欢的人也无妨的心态——不要因为压力而向别人发泄愤怒情绪，也不要把焦虑情绪释放出来。

我们应该努力学会舒缓自己的心情，不要强迫自己与所有人都亲密无间。

UNANGRY

57

100

学会拒绝

有些人总是难以启齿说出那个简单的“不”字。

但是，拒绝并不意味着与对方对立。许多人害怕拒绝会让别人讨厌自己，从而产生隔阂，以致破坏人际关系或引发尴尬局面。然而，这些担忧往往只是人们心中的幻影，与现实相距甚远。如果因为无法拒绝而勉强答应，事后又追悔莫及，那还不如一开始就勇敢地说“不”，坚持表达自己的立场，这才是明智之举。

那么，我们应该如何做呢？

拒绝他人时，简单地说“我做不到”或“不行”这样生硬的话语，可能会令对方不悦。因此，我们需要用委婉的方式表达自己的想法。例如：“谢谢您的邀请，但很抱歉，我有其他安排，无法参加。”“对不起，我目前正忙于××事，无法接受您的邀请。”

对于他人的邀请，我的建议是您首先表示感谢，然后说明拒绝的理由，或者提出替代方案，以增加语言表达的多样性，从而圆满地解决问题。

NO

UNANGRY

58

100

多肯定别人的优点

有“指出错误”这个词，却很少听到“指出优点”这个词。人们总是容易关注他人的不完美之处。

诸如“这个做得不好”“希望你改掉这个坏习惯”之类的批评，会成为构建良好人际关系的障碍。

无论是正面关注还是负面关注，人们都会倾向于强化被关注的那部分特性。因此，我建议大家不妨把别人的优点具体地写出来。在写下这些优点的过程中，你可能会意外地发现对方其实有不少优点。

不要拿某个人与其他人进行比较，而是将注意力转向这个人积极做事的优点上面，并尝试将这些优点告诉这个人。这样一来，你就能够强化其优点，并养成欣赏他人优点的习惯。

请务必在各种合适的时机，把这个人内在和外在优点告诉对方，说不定你们之间的关系会就此改善呢。

UNANGRY

59

100

与其问“为什么”，不如问“怎么做”

当有人犯了错或闯了祸，直接询问“为什么”可能会无意中传达出责备的语气，这不仅可能引起对方的防御心理，还可能妨碍双方共同寻找有效的解决方案。如果你连续问三次“为什么”，那就不是普通的提问，而是在审问或诘问了，所以一定要注意这一点。

当被问“为什么”的时候，有的人往往会下意识地找借口，甚至可能翻脸。而当你问别人“为什么”时，自己也可能会感到更加愤怒。与此同时，被问的人心里也会不舒服，彼此的负面情绪循环往复，气氛就会越来越糟糕。

若某件事使你愤怒，不妨试着问自己：“应该怎么做才好？”当你开始思考“接下来，我应该怎么办”时，你便已开始着眼于未来了。

养成把“怎么做”挂在嘴边的习惯，这样就能围绕未来展开建设性的讨论。

UNANGRY

60

100

巧妙地避免冲突

在工作和生活中，你可能会遇到各种各样的人，其中总会有一些人行为粗鲁，令人不悦，甚至有些人可能会毫不避讳地说一些让人不爱听的话。但你要记住很重要的一点——即使心里恼火，也不要做出攻击性的回应。因为反驳往往会激化矛盾，徒增烦恼。

如果有人对你说："你是不是胖了？"你可以轻松回应："哎呀，好像是呢。"如此轻轻带过，转移话题。

如果有人说："你不太擅长使用 Excel 吧？"你可以回答："也许吧，那你能替我做一下这个吗？"

如果你正在说话却被打断，不妨待对方稍做停顿时，温和地跟对方说："能不能让我接着把话说完呀？"

另外，如果不太熟悉的人对你表现得过于亲昵，让你感到不舒服，那你不妨刻意用一种稍微保持距离的语气来应对。

面对挑衅，不被对方牵着鼻子走，这才是最明智的做法。

UNANGRY

61

100

不要试图改变他人

在我接待的咨询中，有很多人会抱怨："我讨厌那些对下属提出不合理要求，还施以高压的领导。"

先说结论，我们无法彻底改变自己讨厌的人的行为和处事方式。

从根本上讲，我们改变不了别人。

但是，如果你一直被无法改变的领导牵动情绪而不能集中精力工作，就无法发挥自己真正的潜力。

也许你会觉得难以忍受，但只要没有对自己造成实质性伤害，最好的做法是尽量不去理会它。

即使对方公然对你发火，也不要反应过激，只进行最必要的汇报、沟通以及信息共享就好。

无论遇到什么情况，与其试图改变对方，不如转变自己的思考方式与相处模式，或者改变工作环境，这样才能避免被负面情绪所束缚。

UNANGRY

62

100

借助团队的力量应对攻击性强的人

每个公司里似乎都会有一些喜欢贬低别人、攻击性特别强的人。遇到这样的人，最好不要自己硬抗，要和身边的同事互通信息，大家一起想办法。毕竟这种人很会在精神上打压他人，如果你成为他们的攻击目标，可能会心态崩掉。

有些攻击性强的人，还可能在离职时故意制造不愉快的气氛，他们希望“我走了之后，这地方乱成一锅粥才好呢”。如果你碰到了这样的人，最好冷静地应对，平静地送走他们，尽量不被过多影响。

要知道，缺乏安全感的公司，生产效率难以提升。一个攻击性强的人，就足以阻碍很多人发挥潜能。

在工作中遇到人际关系的问题时，要尽快拉上团队一起解决，不要独自承受。

UNANGRY

63 把真实想法作为请求传达给别人

100

那些把自己的愤怒情绪直接发泄给别人的人，往往会被认为很幼稚，不成熟。

比如，直接甩出一句："你是不是傻啊？多动动脑子！"这样只会让双方都满心不快，根本无法让对方做出改变。

当你对他人心生不满时，不妨直接告诉对方究竟是哪些行为让你反感，你心里是什么感受，以及你希望对方怎么做。如果能做到这一点，表达者将倍感舒畅，而被指出问题的那一方也能更容易理解对方的情绪。

不要总认为"发火就是坏事"，换个角度，把它看作"对对方的请求"，是不是就没那么难以启齿了呢？

事实上，愤怒往往源于我们对他人行为的期待，以及我们深信对方应为之事未获得尊重和现实，这种情绪是自然而然产生的。

正因为如此，我们才要提醒自己，把内心的真实想法当作请求传达给别人。

UNANGRY

64

100

不想被别人探究的隐私，就明明白白拒绝

生活里，我们总会遇到一些没有边界感的人，他们喜欢随意插手别人的事，还觉得自己是一片好心。要是被这种人追问自己不想谈及的事，我们肯定会感到很不舒服。

每个人都有不希望被他人探究的隐私，但那些情商低、说话没分寸的人往往会对（他们以为的）关系亲密的人没有顾忌，觉得“跟这个人说什么都没关系”。被说（问）的一方即便内心不悦，也可能因为不想表露在脸上而故作平静，这就让那些说话没分寸的人压根意识不到自己的问题。

因此，明确表达自己的感受，直接告诉对方“我不想谈论这个话题”，是非常重要的。

这个方法同样适用于被上级说了不合时宜的话，在保持冷静的同时，我们要明确告知对方：“关于这件事，我不想继续讨论。”

只要礼貌、真诚地传递你的感受，对方一定能够明白你的真实想法。

UNANGRY

65

100

用感谢来拒绝

无论是家人、朋友，还是领导、同事，不管在什么场合，总会有那种爱多管闲事的人对你的事过多干涉。

这种时候，不妨以委婉的方式暗示对方“希望你别再追问了”，同时表达你的谢意，从而巧妙地把话题岔开。

例如，当父母问：“你什么时候结婚？”或“打算什么时候生孩子？”你可以回答：“这些事上天自有安排，我们就顺其自然吧。谢谢你们这么关心我。”

当被问：“你是什么学历啊？”“你们家年收入有多少？”“你家孩子要考哪所学校？”这类你不太想回答的话题时，你可以轻描淡写地“打太极”：“我的学历并不值得一提。”“我们家那位工作很努力，但挣了多少我不太清楚。”“我尊重孩子自己的想法。”以此来回避这些问题。

关键在于，一定不能带着情绪把问题直接怼回去，而是要选择以一种平和且智慧的方式结束对话。

UNANGRY

66

100

以退为进，先接纳不同意见

在人际交往中，意见分歧在所难免。这种时候，如果你以强硬的语气，情绪化地反驳对方，可能会引发进一步的冲突。

当然，如果对方以否定的语气对你说："那太荒谬了！"或者"这么做肯定不行！"甚至提出"应该按照我的想法去做！"你可能会因此感到恼怒。

然而，在这种情境下，情绪化的反击绝非解决问题的上策。我们的目的是让对方理解自己的观点，而不是证明自己是对的。

因此，你可以用一种接纳的态度回应对方，比如说："您认为按照 ×× 的想法来推进更好，对吧？"接着，可以尝试提出问题，以引导对方阐述其观点："您能分享一下认为我们可能失败的具体原因吗？"有意识地引导对方分享他们的想法。

此外，也要针对对方提出的问题给出回应，以展示你的立场和想法。

重要的是，无论对方的说话方式如何，我们都应保持平和的心态，不要反应过度。

UNANGRY

67

100

偶尔示弱也无妨

“请人帮忙、向人撒娇，就等于向别人暴露自己的弱点。”“把事情都交给别人去做，自己就没有存在的价值了。”……抱有这种想法，结果因为承担了超出自己能力的事而感到焦虑不安的人并不少见——你是否也有过类似的想法?

其实，当我们确实需要他人的帮助时，不妨坦率地表达出来。

比如说：“关于 ××，能不能请教您一下？”“我现在特别困惑，希望能得到您的帮助。”“如果能得到您的支持，我们将如虎添翼。”

坦诚表达自己的需求不仅能让人感觉更加亲近，也能够建立起相互协助的关系。

相互协助与合作，能织就亲密的关系网，让我们借由彼此的力量互相成就。

寻求帮助并不意味着暴露自己的弱点，有时候，勇敢地向他人求助，既能减轻自己的负担，也能在周围营造出互帮互助的氛围。

如果我们都能勇敢开口，就能构建起协作的桥梁，长此以往，人与人之间的助力将形成良性循环，实现共同成长。

UNANGRY

68

100

批评要直截了当

“因为没有接受过如何恰当地批评别人的培训，所以不知道该怎么批评。”“因为没有经验，没有信心能批评得好。”“担心会让对方心理不适。”“害怕被认为是职权骚扰。”……

许多管理者会向我咨询如何做好批评这类问题。

鉴于上述担忧，面对未能按时完成工作的下属，你可能会采用商量的语气与他们交流，比如：“截止日期已经过了，你觉得什么时候能完成呢？”

在必须进行批评的情况下，请务必直截了当地表达。

例如，你可以明确指出：“我希望你能够遵守我们的时间约定，因为这会影响下一个负责接手工作的人的进度。”这样一来，对方就能更容易理解你的意图。

在批评之前，确定你最想传达的内容是什么，提炼出最重要的一点，用简洁明确的语言精准传达。

UNANGRY

69

100

先说清楚“WHY”再做事

在制定新规则或与合作伙伴共同思考做出改变时，先阐明“WHY（为什么）”（即理由）是非常重要的。

举个例子，与其说“请在明天之前完成 ×× 相关的材料”，不如说“因为客户要开新店，我们必须在明天之前完成 ×× 工作，能麻烦你准备一下资料吗”。这样说，对方是不是更容易接受呢?

当你想要说服或促使对方采取行动时，添加解释是很重要的。比如说：“我想做 ××，因为……”人们只有在对“为什么”的理由和依据信服后，才会更愿意付诸行动。

从一开始就把必要的信息传达清楚，就能减少不必要的争执和愤怒。

UNANGRY 70 / 100

把“不满”转化为“提议”

工作中，当不满、焦虑等负面情绪不断积累，我们表达意见和提出建议时可能不自觉地带上抱怨的口吻。例如：“为什么我的工作量比别人多这么多？”或“是不是把麻烦的工作都分配给了我？”当情绪积累到一定程度时，甚至可能以责怪的语气说：“你知道我有多辛苦吗？”“你以前为什么没有注意到这一点？”

为了避免这种情况，我们在表达意见之前不妨先梳理清楚自己希望别人理解的内容以及期望别人有什么行动。

可以先将想法写在纸上或记录在电脑中，以确保表达更加清晰明了。

如果事情过于重要，个人难以独自处理，也可以和他人商量。

面对重要事项，提前准备并以冷静的态度沟通，方能有效解决问题。

UNANGRY

71

100

讲事实而不是下定论

当你感到愤怒时，会不会说出下面这样的话？

“你总是出错！”

“你肯定会找借口！”

“我说的话你从来都不听！”

“都是你的错！”

尽管并非人人如此，但在情绪激动时，确实有些人以此方式表达不满。

人一旦被全盘否定，就可能会反驳：“我又不是每次都犯错，我也有做得好的时候啊！”“说我肯定会找借口，也太夸张了吧！”甚至有些人可能会回怼：“不要妄下定论！”

在希望对方改正行为时，应注重传递事实并采用建设性的沟通方式。例如：“我注意到你最近三次都犯了同样的错误，可能需要仔细检查流程哦。”“我理解你迟到可能有特殊原因，但同时，我也希望你能为让其他人久等表示歉意。”

UNANGRY

72 不要把沟通看成胜负之争

100

你是否听过这样的观点：“一旦听从对方的意见，或者自己的意见不被采纳，自己就输了。”

这其实是在沟通交流的过程中忘记了解决问题的初衷，迷失了原本的目标。

这种倾向在受到垂直关系（指在社会中因社会角色不同而引起的纵向人际关系，如家庭中父母与子女的关系，工作中的上下级关系等）影响的人群中尤为明显。

然而，沟通交流在本质上并不涉及胜负。

有些在意胜负的人，甚至会做出一些令人困扰的行为。比如，在面对服务行业的人员时，他们会想：“态度强硬些他们才会满足我的要求，所以我有权投诉。”尽管采用攻击性的言语可能会让对方暂时屈服，令自己感到满意，但这样的行为伤害了他人，就别指望能与对方建立长期良好的关系了。

如果你开始怀疑自己是否也有这样的倾向，那么请试着进行一场不以胜负为目的的对话，而是以双方都感到愉快为目标进行交流吧。

UNANGRY

73/100 既要相信对方，也要相信自己

当你在指责某人或表达意见时，如果心里想着“我肯定还得再说一次”，即使你没有说出口，这种想法也是会传递给对方的。

善于沟通的人相信对方能够“理解自己”，也能够传递出希望对方改进的意愿。正是这种建立在信任基础上的沟通，才能更轻松地传递你真正希望他们理解的内容。

此外，当你抱持着相信自己的态度时，也更容易与他人建立良好的关系。因为你明白，即使自己有一些缺点或能力上有所不足，也不会削弱自己作为一个人的价值。

为何不试试将“信任”放在首位，既相信对方，也相信自己呢?

这样一来，你就能免于被不必要的负面情绪所驱使，这将是与他人建立良好关系的重要一步。

UNANGRY

74

100

多关注对方的感受

当与人发生争执，对方怒气冲冲地发泄时，我们不妨关注一下对方内心深处的感受。

愤怒的背后，往往潜藏着不安、焦虑、担忧、悲伤、寂寞、困惑等诸多情绪。若这些情绪不得宣泄，就会转化为愤怒，继而向他人发泄。

如果你只是为了平息对方的怒火而道歉，或者只是提供解决方案而不去体谅对方的感受，那么你们的问题可能无法真正地解决。

若没有关注对方的感受，并与其产生共鸣的这一过程，就会让对方认为“你根本什么都不懂”，进而更加愤怒。

发生争执时，我们不妨先关注对方内心深处的感受，比如说：“抱歉，让你感到不安了……”“突然发生这种事，你一定很担心吧。”

UNANGRY

75

100

良言一句三冬暖

面对持续愤怒且难以平静的人，你是否尝试过用“没必要那么生气啦，也没到值得发这么大火的地步”之类的话语来安抚？其实，这种说法可能会让对方更加生气：“你根本不知道我为什么生气！”

对什么事情会感到强烈愤怒要因人而异，即使对你来说不是什么大不了的事，但对其他人而言却可能意义非凡。

你如果惹别人生气了，可以先说些体谅对方的话，比如：“这件事对您来说，原来这么重要……”

还应该注意的是，在这种情况下，不要说：“这确实让人恼火！换作我也会生气！”这类附和对方的愤怒情绪、跟着一起发火的话，以免火上浇油。

UNANGRY

76

100

用简明扼要的语言直截了当地回应

每天都有不同年龄段的人来向我咨询如何与具有攻击性或恐吓性的人打交道。那么，怎样才能冷静地应对这类具有攻击性或恐吓性的人呢？

最好的办法就是，用一句话把结论告诉他们。

例如，可以用简明扼要的语言直截了当地说："关于××，我认为是这样……""很抱歉，由于××的原因，我们无法接受。"

即便如此，如果对方仍然坚持己见并试图反驳，那么你可以反复告诉对方："很抱歉，这确实有困难。"

理想状态是，让对方认为"再怎么用力攻击，这个人也不会动摇，说得再强硬也无济于事"。

这种应对方式比用长篇大论来解决问题要有效得多。

平时我们就应该多加练习，以坚定的态度、简短的话语，直截了当地表达观点。

UNANGRY

77

100

以“我”为主语表达意见和感受

在传递意见、表达感受，或者希望对方对什么进行改善的时候，要有意识地以“我”为主语。如果主语是“你”，可能会给人一种被指责的感觉。

例如：

× “为什么你不按照我说的做呢？”

√ “我希望你能做……原因是……”

像这样，以“我”为主语，我们想要表达的想法和希望对方理解的内容就不会变成一种定论，也不容易被误解。

请务必尝试以“我”为主语来表达意见和感受，而非“你”，这将有助于减少误解和冲突。

UNANGRY

78
100

如何与持不同意见的人交朋友

当你想和一个与自己意见相左的人交朋友时，首先要接纳对方的观点，然后再表达自己的观点。

如果你在回应对方时直接反驳“话虽如此，但是……”或“我明白你的意思，不过……”，即使你的观点再有道理，也可能会让对方产生“不想听不接受我观点的人说话”这种抵触情绪，从而不愿倾听你接下来的话。

你可以试着以一种更开放的态度去回应：“原来你是这样想的呀，能不能讲讲这么想的理由呢？我是这么想的，你觉得怎么样？”

像这样，先接纳对方的观点，再表达自己的观点。对方因为自己的意见得到倾听，或许也会愿意倾听你的想法，进而成为你的朋友。

首先，我们要时刻提醒自己，接纳对方的意见。

UNANGRY

79

100

勇敢说出让你在意的“小事”

在日常接到的众多的咨询中，我经常会遇到这样的问题：

“那些让我有点在意的小事，要怎么表达才好？”

“我直接指导的一位新员工，每天早上打招呼的时候都不出声，只是轻轻点头，这让我每天都感到不舒服。”

“我的领导经常搞错客户公司的名字，要是在客户面前说错，那可就麻烦了。”

“我已经在公司工作三年了，还是被新员工叫着外号。”

……

即便这些都是小事，如果一直积压在心里，也会让人郁闷不乐。你是否也有同感呢？

如果你真的在意这些事情，完全可以坦率地告诉对方：“希望今后能够……”

但也有人会担心被认为是为小事纠结的人，然而，即使这些问题看似微不足道，实际上其中往往包含着对自己来说是“重要的事”。

在日常生活中，我们可以坦诚地面对自己的感受，把重要且在意的事情告诉对方。

UNANGRY

80 - 100

100

第 5 章

让自己开心的方法

UNANGRY

80

100

说出你的情绪

每个人都会有自己无法理清楚的无名火，这时无论是寻求他人的建议，还是仅仅找个倾听者吐露心声，都能让心情平静下来，进而理清思绪，让你意识到“原来我是因为这个而感到不愉快”。

但是，如果你选错了倾诉对象，也可能会适得其反，徒增烦恼。

最好不要向一味附和你的人倾诉，因为他们可能会与你一起陷入愤怒情绪。

那些借着你说话的由头说别人坏话或者发泄自己怒气的人，也不适合做倾诉对象。

应该选择那些与你共情，愿意陪你一起思考的人进行倾诉。

如果你身边没有合适的倾诉对象，接受专业人士的心理咨询也是一种解决办法。过去人们存在一种偏见，认为只有精神疾病患者才会找心理咨询师，但如今，这已经不是什么稀罕事了。

尝试各种应对策略，培养不积压愤怒情绪的习惯，这是维护情绪健康的关键所在。

UNANGRY

81

100

沐浴晨光，晚上睡得香，情绪更稳定

血清素是大脑中的一种神经递质，主要负责调节掌管喜悦和快乐的多巴胺，以及控制恐惧和惊讶等情绪的去甲肾上腺素，起到稳定情绪的作用，因此被人们称为“快乐激素”。

如果血清素分泌量减少，人们会更容易烦躁、焦虑，甚至可能引发精神萎靡和抑郁症等问题。

此外，人的生物钟一旦被打乱，比如昼夜颠倒，精神状态就会变得极不稳定。为了避免这种情况，我们最好每天早晨起床后在阳光下沐浴 15 ~ 30 分钟，这有助于褪黑素的正常分泌。

褪黑素是大脑中的一种诱导睡眠的激素，其特性是分泌越多人就越困。沐浴晨光能够正确重置我们体内的生物钟，促进血清素和褪黑素的分泌，让心情更加平静。

希望大家能够养成健康的生活习惯，享受沐浴在晨光中的愉悦。

UNANGRY

82

100

早餐多吃香蕉和豆制品，拥有更多幸福感

我建议在早餐时食用香蕉和豆制品，它们可以有效促进人体血清素的产生。尤其是香蕉，它含有合成血清素所需的所有营养元素，而且无须烹饪，非常方便。

豆制品如豆腐、纳豆、味噌和酱油等，也富含这些营养物质。将两种食材搭配在一起，比如味噌汤里加豆腐、牛奶里加黄豆粉，这样能更有效地提升血清素水平。

此外，其他能促进血清素产生的食物还包括乳制品、以花生为代表的坚果类食品、鱼肉、瘦肉（红肉）、鸡蛋、荞麦面等。

早餐多食用这些促进血清素产生的食物，有助于减轻压力，带来更多幸福的感觉。可以说香蕉、豆制品等是有效管理愤怒情绪的食物。

希望大家在挑选健康美食的过程中，能够消除烦恼，享受健康生活。

UNANGRY

83

100

享受饮品，时刻保持最佳状态

在心烦意乱的时候，花点时间慢慢品尝一杯咖啡或茶，是一种非常有效的放松方法。

如果是休息时间，你可以随意走进一家饮品店，喝上一杯咖啡或者茶，就能转换心情。

即使在办公室，只要有离开座位的机会，定时起身泡一杯咖啡或茶，也能让人感到轻松愉悦。

咖啡和茶的香气具有缓解焦虑和压力的作用，能够让人放松心情。特别是咖啡的香气能促使人产生在放松时出现的 α 脑电波，这一点已经得到了科学证明。

人的精力有限，适时地品一杯咖啡（茶），便是给心灵的一次小憩。

抽点时间，悠然自得地享受一杯香气四溢、滋味醇厚的咖啡（茶），便能令自己时刻保持最佳状态，何乐而不为呢？

UNANGRY

84

100

日程安排饱和度的上限：75% ~ 80%

我曾遇到过因为自己反复出错而感到沮丧的咨询——即使准备得再充分，也难以完全避免出错。

错误增多的主要原因通常是忙碌和疲劳。

如果你发现自己陷入了这种境地，请检查一下你的日程安排。

首先，如果你自己能够决定日程安排，就不要把它排得太满。为了在出现问题时能够从容应对，最好将日程安排的上限设定在 75% ~ 80%，为自己留有余地。

此外，越是忙碌，越要保证充足的睡眠。睡眠不足会对身体产生潜移默化的影响，使人更容易感到疲惫，进而频繁出错。

记住，良好的睡眠乃高效工作的基石。养成良好的睡眠习惯，踏实地睡好觉，确保深度休息，早晨从容不迫，方能避免忙乱。

UNANGRY 85/100

偶尔放松一下吧

我经常会收到这样的咨询："我无法原谅自己在休息日或午休时间无所事事……"

这类人往往会把稍做放松视为"懒惰"。

事实上，人不可能一直全力以赴地生活。相反，为了提高效率，休息是必不可少的。

我们要养成多关注自己已经完成之事的习惯。越是专注，就越可能有许多值得称道的成就，例如"在这段时间里，我完成了这项任务""在家办公的这一天，我利用平时通勤的时间整理了文件和材料""我整理了房间"等等。

此外，为了提升工作积极性，你可以问自己："我为什么要做这份工作？""达成这个目标之后，我会得到什么？"通过这样的反思，重新确认自己工作的价值，自然而然就会充满干劲。

我们要重新审视"必须时刻做些有成效的事"这种观念，偶尔也原谅一下无所事事的自己吧。

UNANGRY

86

100

要放松心情，先放松身体

呵护自己身体的方法多种多样，因人而异。每个人舒缓身心的方式也各不相同，一旦感到疲惫，适时休息便是上策。有的人会把时间和金钱花在推拿、按摩、美容等方面，这也很不错。

当我们被负面情绪冲昏了头脑时，身体也会紧绷僵硬。因此，通过物理方法来抚慰、放松紧绷的身心是很重要的。从重视身体健康开始，内心也会随之平和，焦虑也会逐渐缓解。

借他人之手来帮助自己放松身心是一个很有效的方法，当下按摩的种类繁多，我们不妨找找自己适合哪种。

在被愤怒情绪折磨得疲惫不堪之前，学会放松，善待那为我们辛勤工作的身体。

UNANGRY

87

100

亮色的衣服会让你心情明朗

衣服的颜色对人的情绪影响超乎想象。并不是说深色不好，但如果总是穿着深色衣服，我们的心情可能会变得阴沉，而周围的人也会感受到低落的气氛。

当我们感觉情绪低落时，不妨大胆选择色彩鲜艳、色调明亮的衣服。

从色彩心理学的角度来看，红色会让人心情振奋，而蓝色则有让心情平静的效果——甚至有一种说法，蓝色的窗帘有助于促进睡眠，橙色可以激发食欲，而黄色则能让人变得开朗、积极向上。

色彩心理学揭示，颜色明快的衣服，无论是穿在身上对镜欣赏，还是打开衣柜时入目的五彩斑斓，都能改善我们的心情。

即便在阴沉沉的雨天，我也建议大家穿上鲜亮的衣服，或是撑起一把色彩鲜艳的雨伞，来转换一下心情。

UNANGRY

88

100

花点时间好好护理皮肤和头发

我经常收到关于皮肤、头发护理的咨询。不少人会担心随着年龄的增长，皮肤和头发不再水润，皮肤变得粗糙，头发变得干枯。

拥有健康的皮肤和头发，不仅能让人外表焕发光彩，也会带来内心的舒适感。

无论男女，面对自己因年纪渐长而带来的容颜和肤质变化及头发稀疏等问题，会感到沮丧也是难免的。可以说，皮肤和头发的状态对心理健康至关重要。

因此，及时、彻底地清洗皮肤和头发有助于改善你的心情——即使在忙碌的时候，也要留出时间来护理皮肤和头发，这是对自己的一种呵护。

通过精心呵护自己，自我认同感也会大大提升。

哪怕只有一点时间，也请务必养成护理皮肤和头发的习惯。

UNANGRY

89

100

定期整理包包

你是否定期整理你每天使用的包包里的物品呢?

如果包包里面一团糟，不管是被别人看到还是自己看到，心情都会变得不好吧？更别提找东西时的费时费力了。

是不是感觉包包里的状态就如同自己的内心写照呢?

感到烦躁时，何不换一种心情，试着整理一下你的包包呢?

回到家后，不妨先把包包里的东西全部取出来，好好整理一番。

此外，频繁使用同一个包包，难免会让它成为杂物收纳所。因此，保持包包整洁的小窍门之一，就是轮流使用几个包包。

除了包包外，你的钱包里是否也塞满了收据和会员卡呢？包包和钱包都应该定期整理哦。

UNANGRY

90

100

定期整理房间

面对杂乱的房间，你的心情也会变得一团糟吧?

如果觉得哪里不如意，那么改变房间布置或者进行断舍离，就可能转换心情。

比如，哪怕每半年一次，试着整理一下你不再需要的文件或其他东西。处理掉不需要的物品，只留下必需品，心情也会变得清爽。

如果房间乱七八糟的，找东西也会变得困难。烦躁的时候，看到乱糟糟的房间，是不是会觉得更心烦意乱?

烦躁的时候，不妨先收拾一下房间。在整理的过程中，你可以将烦恼暂抛脑后，专注其中，压力也会随之消散。

置身于一个整洁舒适的空间，心情会更加平静，自然而然也就不容易发脾气了。

一定要为自己用心营造一个舒适的生活空间哦。

UNANGRY

91

100

置身于绿色之中

绿色，象征着生机与活力，仅仅看到绿色就能让人心情愉悦。置身于绿色之中，进行深呼吸或者放松全身，也是让心灵焕然一新的契机。

如果有时间，不妨让自己沉浸在大自然里，这样对身心健康都有好处。

如果时间有限，也可以去绿树成荫的公园，在户外呼吸新鲜空气，短暂地享受一下大自然的美好景色。

此外，还可以光顾那些有绿色植物点缀的商店或咖啡店，悠闲地度过时光。在家中摆放一些绿植也是一个不错的选择。这些方法都可以轻松地改善心情。

森林浴有诸多益处，比如有助于减少压力激素的分泌、激活副交感神经、稳定血压和心率等。

与大自然亲密接触有助于深呼吸，缓解压力。多让自己沉浸在绿色之中吧！

UNANGRY

92

100

品尝让身体愉悦的美食

当你满心烦躁地独自用餐时，难免会想起不愉快的事，原本应该惬意的用餐时光，反而会感觉味同嚼蜡。

享受美食是度过美好时光的重要方式之一。

去自己喜欢的餐厅，与心爱的人共享美食，或是特意品尝店内独有的精致佳肴，不经意间，紧绷的神经得以放松，让人神清气爽。

用餐是令人愉悦的时光，不论是为了改变烦躁和沮丧的心情，还是作为对自己每天辛勤工作的犒劳，定期外出就餐都是个不错的主意。

细细品味美食，让味蕾在愉悦中舞动，沉浸于用餐的每一刻，便能有效驱散心中的烦躁。

UNANGRY

93

100

千里之行，始于足下

定期打理鞋子，是对自我的一种提升。鞋尖与鞋跟，往往是不经意间透露细节之处，更需细心呵护。

正因为我们每天都要穿鞋子，所以更值得花心思保养它们。尤其是鞋头磨损、鞋跟塌陷、鞋身变形之时，更是考验我们对待细节之心的时刻。

如果你的鞋子是脏兮兮的，可能会让人觉得你是一个连自己都照顾不好的人。你看那些总是烦躁易怒的人，是不是有时会感觉他们对待人和物的方式漫不经心、杂乱无章呢?

对待日常所用之物，应该像对待自己身体的一部分那样精心呵护。保持随身物品的整洁，并对自己说："来吧，今天也要加油！"可以帮助我们调整心态。

如果你想转换心情，不妨买一双新鞋，穿上整洁亮眼的鞋子外出走走。关注足下穿搭时尚，可以为自己增添一份别样的气质。

UNANGRY

94

100

手是人的第二张脸，要好好呵护

将双手保养得美丽，也能让我们心情愉悦。

为了让自己心情舒畅，许多人会做美甲，每次看到美丽的指甲都会让人心情大好。

即使你不做美甲，也要注意保持双手的基本整洁，确保指甲不会因为疏于修剪而过长。

我们在做动作时，手一般都会被人注意到，正因为手部是他人与我们自身频繁关注的焦点，若它们的状态不佳，难免会影响我们的心情。

比如，忙完手头的工作稍做休息时、感到焦虑或烦躁时，可以尝试深呼吸，然后涂上香气宜人的护手霜。让芳香轻柔地扩散开来，这有助于舒缓你的情绪。拥有这样片刻的宁静时光，我们便能更好地抵御愤怒情绪的侵扰。

护理双手是缓解压力的好方法，请务必注意保持手部清洁。

UNANGRY

95

100

享受沐浴时光

慢慢泡个热水澡，有助于提高免疫力。

忙碌的时候，我们往往会选择快速地用淋浴了事。然而，在烦躁不安或心情郁闷之际，泡一个热水澡，无疑是最悠闲的选择。

如果有喜欢的浴盐或浴球，不妨尽情享受它的香气和舒缓功效。

使用能让人心情愉悦的身体洁净产品也是个不错的选择。

在沐浴中花点时间，让自己的身体沉浸在芬芳的香气中，会让你的身心得到治愈。

如果要在睡前泡澡，水温不要太高，约 40℃就可以，泡上 30 分钟左右，效果比较好。

在享受泡澡的过程中，尽量不要想其他事情，这样可以缓解压力，帮助你从疲劳状态中恢复过来。

把泡澡当作放松时光，这份宁静足以让人心旷神怡。

请务必养成享受惬意沐浴时光的习惯。

UNANGRY

96

100

用鲜花装饰房间

鲜花不仅能够通过视觉、嗅觉和触觉等感官激活我们的大脑，还能通过沁人心脾的香味，促使我们的大脑产生更多在放松状态下才会出现的 α 波。

多项研究显示，鲜花具有显著的减压效果，能够缓解压力、减少愤怒与敌意。此外，鲜花还能激发大脑中的快乐激素，提升心情，甚至有助于拉近人与人之间的距离，提升认知功能和提高记忆力。

鲜花应该摆放在显眼的地方，比如门厅、客厅的桌子上或厨房旁边。

情绪低落时，可以选择亮黄色或橙色的鲜花，它们能让人打起精神。如果想要感受温柔的氛围，粉色的鲜花是不错的选择。

鲜花的种类会随着季节的变化而变化，何不用心仪的时令鲜花来丰盈自己的心灵呢?

开始用一朵鲜花装饰你的房间吧——并不需要摆放很多花——鲜花的力量会治愈你。

UNANGRY

97

100

用宜人的香味获得愉悦

在包括视觉、听觉在内的五感中，嗅觉是唯一能直接传递到大脑边缘系统的感官。这一区域包含着产生愉悦、不快、不安以及恐惧等情绪的杏仁核。

在烦躁或有压力时，不妨闻一闻自己喜欢的香味，因为它能迅速刺激杏仁核。因此，我们闻到好闻的或喜欢的香味时，会立刻萌生愉悦感，产生喜爱之情。

请尝试一边深呼吸，一边细细品味那宜人的香味。

我建议试试香薰，薰衣草、马郁兰和佛手柑都有舒缓压力、平复烦躁情绪的效果。

不妨喷点心仪的香水，涂抹钟爱的护手霜，或是使用香气四溢的香氛喷雾，这些细微之举皆能成为放松心情的秘诀。

请相信，香味的力量是无穷无尽的。

UNANGRY

98

100

获得小小的成就感

想要不被愤怒情绪左右，开开心心地度过每一天，一些日常的小习惯会很有帮助。

有一本书里写道：“要想心情愉快，就在早晨起床后整理床铺。”

在一天的开始就获得小小的成就感，会成为让这一天过得充实的契机。发现了这一点后，我也养成了整理床铺的习惯。

正如“享受沐浴时光”一节中谈到的，用泡澡来调整心情也是一个好办法。在浴缸中加入喜欢的浴盐，闭上眼睛舒舒服服地泡个澡。不去想多余的事，专注于感受当下。

当思绪如浮云般漫无边际时，不妨静下心来，悠然地做一次深呼吸。

此外，在入睡前，你也可以怀着一颗感恩之心，轻声对自己说：“今天也是美好的一天，谢谢。”

让自己拥有好心情的方法并不难，为了能心情愉快地生活，养成一些不会成为负担的习惯吧。这样一来，你的情绪肯定更容易变得平和。

UNANGRY

99

100

宣布今天是平和的一天

如果能平和地度过一天，没有愤怒，没有烦躁，那一定是非常美妙的生活吧。

试着想象：所有问题都已解决，你已经豁然开朗，同时有意识地展现平和的表情、态度，用温和的语言来表达自己的行为。

当你保持心态平和时，试试观察周围人的反应和氛围的变化。你将深刻体会到，一旦你开始改变，不仅他人的反应会有所不同，你们之间的相处模式也会随之改善。

下定决心在接下来的 24 小时里保持情绪平和，改变与他人相处的方式，有意识地调整你的言行举止。通过这种实际行动来“出演”你最美好的一天，你将真切地感受到现实的变化——你与周围人的关系会变得更好，也一定能体会到一整天都不发脾气是多么令人心情舒畅。

这是我们每个人都能立刻就做的事，所以请务必付诸实践，并将其转化为一种习惯。

你一定会体验到它的积极影响。

UNANGRY 100

100

午睡 15 分钟

多项研究表明，午睡对身体大有裨益。

每天下午 1 点到 4 点之间小睡 15 分钟，不失为一种明智之选。这段时间的午睡能够让疲惫的大脑迅速恢复活力，使人在午后能更轻松自如地投入到各项活动中。

所谓的“提神小睡”，指的就是这样大约 15 分钟的短暂假寐，别看它的时间不长，却能将睡眠的功效发挥到极致。

日常生活中，我们对大脑的使用强度往往超出了自己的认知。每一天，海量的信息如潮水般向我们涌来，在处理这些信息的过程中，压力也在不知不觉间悄然累积，让我们极易陷入烦躁愤怒的情绪旋涡之中。午睡就能有效解决这个问题。

只需短短 15 分钟的小憩，就能显著提升我们的专注力，让我们在工作和学习中更加全神贯注；有效减轻累积的压力，让紧绷的神经得以舒缓；增强记忆力，让知识和信息在脑海中留下更深刻的印记。

实际上，一些人在午睡前会喝一杯咖啡。咖啡因会在体内循环流转，大约 15 分钟后开始发挥作用，这样正好能在合适的时间醒来，精神抖擞地开始下午时光。

请养成规律的午睡习惯，以健康的方式度过每一天。

后记　与情绪和解，开启新生活

感谢你阅读本书。

在这个探索如何让情绪保持平和的阅读旅程中，你有怎样的感悟和收获呢？

在培训课程里，我们分享了情绪管理的本质及方法，也收到了许多学员的暖心反馈：

“我察觉到自己有个不好的习惯，一生气就忍不住自责。”

“或许一直以来我都把自己的需求放在了次要位置，所以负面情绪变得更加强烈。”

“因为人际关系问题而烦恼的次数大大减少了。”

“最近明显感觉自己没那么容易生气啦。”

“我已经养成了让自己开心的习惯。”

在日常交流中，我倾听了许多人的烦恼，不少人都表示对负面情绪的处理毫无头绪。这让我深深意识到，这个问题远比想象中普遍，很多人都在与情绪的相处中迷失方向。

当代人的生活忙碌又充满挑战，焦虑和烦躁的情绪很容易乘虚而入。但恰恰因为生活节奏快、压力大，我们才更需要时不时停下脚步，重新审视自己的生活状态，关照自己的内心世界。

如果你发现自己频繁发怒，这可能是身体和心灵在向你发出信号：你需要休息啦！正如第 5 章里提到的，一定要给自己留出放松的时间，去做喜欢的事，去感受生活的美好。

我在书中也反复强调，负面情绪本身并非洪水猛兽，重要的是学会恰当地处理这份情绪。当烦恼来临时，我们既可以坦诚直率地表达自己的感受，也能够巧妙灵活地化解问题。

不用急于一步到位，做到事事完美。你完全可以从一些简单易行的方法入手，慢慢摸索出最适合自己的情绪管理之道。每一次小小的尝试，都是在向更好的自己靠近。

希望这本书能成为你的得力助手，陪伴你与情绪握手言和，从容应对生活的挑战，开启属于自己的崭新篇章，收获内心的平和与幸福。

2023 年 3 月

户田久实